《故园画忆系列》编委会

名誉主任： 韩启德

主　　任： 邵　鸿

委　　员：（按姓氏笔画为序）

万　捷	王秋桂	方李莉	叶培贵
刘魁立	严绍璗	吴为山	况　晗
邵　鸿	范贻光	范　芳	孟　白
岳庆平	郑培凯	唐晓峰	曹兵武

李芳 绘画／撰文

十里洋场

上海近代建筑掠影

学苑出版社

图书在版编目（CIP）数据

十里洋场：上海近代建筑掠影 / 李芳绘画撰文. —北京：学苑出版社，2019.9

（故园画忆系列）

ISBN 978-7-5077-5671-5

Ⅰ.①十… Ⅱ.①李… Ⅲ.①建筑画—作品集—中国—现代②上海—概况 Ⅳ.①TU204.132②K925.1

中国版本图书馆CIP数据核字（2019）第051732号

出 版 人：	孟　白
责任编辑：	周　鼎　康　妮
出版发行：	学苑出版社
社　　址：	北京市丰台区南方庄2号院1号楼
邮政编码：	100079
网　　址：	www.book001.com
电子信箱：	xueyuanpress@163.com
联系电话：	010-67601101（营销部）、010-67603091（总编室）
印 刷 厂：	河北赛文印刷有限公司
开本尺寸：	889×1194　1/12
印　　张：	14.5
版　　次：	2019年4月河北第1版
印　　次：	2019年4月河北第1次印刷
定　　价：	600.00元

前言

上海位于长江三角洲前沿，北界涛涛的长江，东濒浩瀚的东海，南临水天一色的杭州湾，西连太湖流域的江苏省和浙江省，地理位置十分优越。上海境内最早的人类文明遗迹可追溯到6000年前的新石器时代，从先秦至元代，这里逐渐发展成为重要的粮、盐产地。到了明代，上海因松江棉布而"衣被天下"，成为当时重要的棉纺织基地。

1842年，中英两国签订《南京条约》，上海作为通商五口正式开埠。凭借这独特的政治制度和地理位置，上海开埠后很快发展成为远东最繁荣的经济和商贸中心，在近现代科技文化与工商业领域等诸多方面领中国之先，被誉为"十里洋场"和"冒险家的乐园"。1845年，英国借口"华洋杂居不便"，与清政府拟定了《上海土地章程》，揭开了租界的历史。1900年，租界经历数次扩张，公共租界面积达33503亩，法租界面积则为2135亩。英、美、法等国在上海旧城之外辟租界、筑马路、造洋房、办工厂，使得上海逐渐形成以西洋建筑为主的新城区风貌，大批外国侵略者的领事馆、洋行、教堂、银行、俱乐部和独立住宅等新型建筑物被建造而成。

遗存至今的上海洋建筑，可谓是世界建筑的陈列集合，记录了近代百年历史上海滩的风云际会，反映了在历史背景下中西建筑文化的交流与碰撞的时代特征。它不仅融贯古今、承上启下，还兼容并包、相互渗透，这使其成为研究中国与西方各时期、各风格建筑关系的重要实证。

随着我国民族复兴的全面推进，上海近代历史建筑遗存的特殊文化价值也备受关注。上海近代历史建筑遗存不仅是我国近代城市建筑的重要组成部分，具有特殊文化内涵和历史价值的珍贵史料，也是世界近代城市建筑的典型缩影，其建筑形式多样、类型各异、内容丰富的特点，为世界上其他城市所罕见，是世界建筑文化宝库中的宝贵文化遗产。

目录

商业建筑

- 003　亚细亚大楼旧址
- 004　上海总会大楼旧址
- 005　有利大楼旧址
- 006　日清大楼旧址
- 007　旗昌洋行大楼旧址
- 008　汇中饭店大楼旧址
- 009　沙逊大厦旧址
- 010　扬子大楼旧址
- 011　怡和洋行大楼旧址
- 012　格林邮船大楼旧址
- 013　国际饭店
- 014　先施公司大楼旧址
- 015　东海大楼旧址
- 016　新新百货旧址
- 017　华商纱布交易所大楼旧址
- 018　百老汇大厦旧址
- 019　上海大世界
- 020　安利洋行大楼旧址
- 021　迦陵大楼旧址
- 022　永年大楼旧址
- 023　礼和洋行大楼旧址
- 024　礼和洋行大楼旧址·局部
- 025　汉弥尔登大楼旧址
- 026　都城饭店旧址
- 027　花旗总会旧址
- 028　新亚大酒店
- 029　礼查饭店旧址

金融建筑

- 033　中国通商银行大楼旧址
- 034　汇丰银行大楼旧址
- 035　交通银行大楼旧址
- 036　华俄道胜银行大楼旧址
- 037　台湾银行大楼旧址
- 038　麦加利银行大楼旧址
- 039　中国银行大楼
- 040　横滨正金银行大楼旧址
- 041　东方汇理银行大楼旧址
- 042　建设大楼旧址
- 043　金城银行大楼旧址
- 044　浙江第一商业银行大楼旧址
- 045　德华银行大楼旧址
- 046　大陆银行大楼旧址
- 047　中汇大楼旧址
- 048　四行仓库旧址
- 049　中国银行虹口大楼旧址

教育建筑

- 053　法文书馆旧址
- 054　法国学堂旧址
- 055　徐汇中学·崇思楼
- 056　南洋公学旧址
- 057　上海交通大学·中院
- 058　上海交通大学·工程馆
- 059　上海交通大学·总办公厅
- 060　国立音乐专科学校旧址
- 061　中西女塾旧址
- 062　圣玛利亚女中旧址
- 063　圣约翰大学旧址·怀施堂（一）

064	圣约翰大学旧址·怀施堂（二）	084	同济大学·羽毛球馆	104	徐志摩旧居
065	圣约翰大学旧址·体育室			105	枕流公寓
066	大夏大学旧址·群贤堂	**居住建筑**		106	张爱玲旧居
067	震旦大学旧址·大门	087	孙中山旧居	107	汤恩伯旧居
068	复旦大学·相辉堂	088	李公馆旧址	108	河滨大楼旧址
069	复旦大学·奕柱堂	089	丰子恺旧居（一）	109	沪江大学教员住宅
070	复旦大学·子彬院	090	丰子恺旧居（二）	110	吴昌硕旧居
071	雷氏德工学院旧址	091	峻岭公寓旧址		
072	英华书馆旧址	092	培恩公寓旧址	**宗教建筑**	
073	沪江大学旧址·大门	093	华懋公寓旧址	113	洋泾浜圣若瑟堂
074	沪江大学旧址·思晏堂	094	诺曼底公寓旧址	114	圣三一堂
075	沪江大学旧址·体育馆	095	凯文公寓旧址	115	诸圣堂
076	沪江大学旧址·麦氏医院	096	建业里	116	怀恩堂
077	沪江大学旧址·思孟堂	097	丁香花园别墅旧址	117	西摩路会堂旧址
078	沪江大学旧址·科学馆（格致堂）	098	孔祥熙旧居	118	新恩堂旧址
079	沪江大学旧址·水塔	099	沙逊别墅旧址	119	圣心堂旧址
080	沪江大学旧址·图书馆	100	王伯群旧居	120	鸿德堂旧址
081	沪江大学旧址·音乐堂	101	马勒别墅旧址	121	摩西会堂旧址
082	沪江大学旧址·思魏堂	102	荣敬宗旧居	122	景林堂旧址
083	同济大学·测量学院	103	嘉道理爵士公馆旧址	123	西本愿寺旧址

124　西本愿寺旧址·石券门	139　宏恩医院旧址	**其他建筑**
125　佘山天主教堂	140　宏恩医院旧址·细部装饰	155　江海关大楼旧址
126　佘山天主教堂·入口	141　上海邮政总局	156　字林大楼旧址
	142　江湾体育场	157　英国驻上海总领事馆旧址
公共建筑	143　江湾体育场·大门	158　法租界公董局总董府邸旧址
129　大北电报公司大楼旧址	144　上海市立图书馆旧址	159　公共租界工部局旧址
130　大光明电影院	145　上海市立博物馆旧址	160　公共租界总巡捕房旧址
131　跑马总会旧址	146　国泰大戏院旧址	161　申报馆旧址
132　光陆大楼旧址		162　戈登路巡捕房旧址
133　南京大戏院旧址	**交通建筑**	163　俄罗斯帝国领事馆旧址
134　仁济医院旧址	149　外滩信号台	164　公共租界工部局宰牲场旧址
135　兰心大戏院	150　外摆渡桥	165　虹口救火会旧址
136　广慈医院旧址	151　乍浦路桥	166　旧上海特别市政府旧址
137　亚洲文会大楼旧址	152　四川路桥	167　中国航空协会大楼旧址
138　国立上海医学院旧址		

商业建筑

亚细亚大楼旧址

　　位于黄浦区中山东一路1号，建于1913年，英资马海洋行设计，裕昌泰营造厂施工。建成于1916年，折中主义风格的钢筋混凝土框架结构大楼。楼高7层，是当时外滩最高的一幢建筑，人称"外滩第一楼"。

上海总会大楼旧址

位于黄浦区中山东一路2号,创设于1861年,当时为英国总会所用,又叫上海总会,也称上海俱乐部,是英国在沪侨民的俱乐部。因原有房屋比较陈旧,1909年在原址上建6层新楼,英资马海洋行设计,1910年1月启用。1971年曾改为东风饭店,现为上海外滩华尔道夫酒店。

有利大楼旧址

　　位于黄浦区中山东一路3—4号，始建于1860年，为一幢砖木结构房屋。1916年重建后，为今日所看到的大楼。是英资公和洋行在上海设计的第一个作品，也是上海第一座采用钢框架结构的建筑。1937年英资有利银行购得该楼产权，2004年改建为高档购物消费场所"外滩3号"。

日清大楼旧址

位于黄浦区中山东一路5号，建于1921年，由日资航运企业日清汽船株式会社和一个犹太商人合资建造，设计单位是英资德和洋行。该楼曾经先后由海运局、华夏银行上海分行使用，2006年改造成高级餐厅。

旗昌洋行大楼旧址

位于黄浦区中山东一路9号,原是美国旗昌洋行的产业,1891年被轮船招商局买下,又名招商局大楼。1901年轮船招商局重建该楼,英资通和洋行设计,高3层,砖木结构,仿文艺复兴式风格。

汇中饭店大楼旧址

　　位于黄浦区中山东一路 19 号，建于 1906 年，英资玛礼逊洋行建筑师司各特（Walter Scott）设计，华商王发记营造厂承建。1908 年改造完成后的大楼共 6 层，高 30 米，以砖木结构为主，是中国最早安装电梯的建筑。

沙逊大厦旧址

位于黄浦区中山东一路20号，于1929年竣工，是新沙逊洋行在其5层的西式房屋旧址上建造而成的。大厦顶部19米高的墨绿色金字塔形铜顶，多年来是外滩的一个显著标志。1956年作为和平饭店，对外营业至今。

扬子大楼旧址

　　位于黄浦区中山东一路 26 号，1918—1920 年建造，英资公和洋行设计，新古典主义风格。原为扬子水火保险公司办公楼，现为中国农业银行上海分行所用。

怡和洋行大楼旧址

位于黄浦区中山东一路 27 号,是英资怡和洋行在上海外滩所建的办公大楼。1920 年至 1922 年 11 月,怡和洋行第四次翻建房屋,建成这座 6 层的花岗岩大楼。大楼外观为仿英国文艺复兴时复古主义派建筑风格,钢筋混凝土框架结构。现为多单位所用。

格林邮船大楼旧址

　　位于黄浦区中山东一路28号，建于1922年，又名蓝烟囱轮船公司大楼、怡泰大楼，英商格林邮船公司投资，英资公和洋行设计。7层钢筋混凝土结构，另有两层地下室，是一座典型的文艺复兴风格的建筑。1951年上海人民广播电台迁入该楼。

国际饭店

位于黄浦区南京西路170号，建于1931年，由匈牙利籍装饰艺术运动建筑师拉斯洛·邬达克（Laszlo Hudec）设计，陶馥记营造厂承包建筑工程。是当年由华人经营的最高档的豪华饭店，在上个世纪30年代有"远东第一高楼"之称。现仍作为饭店使用，是上海年代最久的饭店之一。

先施公司大楼旧址

　　位于黄浦区南京西路660号，1917年建成，由英资德和洋行设计。沿街骑楼式券外廊与街道相通，塔楼是南京路商业街标志景观之一。现为上海时装股份有限公司所用。

东海大楼旧址

　　位于黄浦区南京东路353号，原名大陆商场、慈淑大楼、南东商场等。1956年更名为东海大楼。建于1931年—1932年，由中国建筑师庄俊设计，公记、申兴泰、褚伦记等营造厂分期施工完成。该楼是中国建筑师设计的最早的一批现代化商厦之一。现为购物中心353广场。

新新百货旧址

位于黄浦区南京东路720号。新新百货1926年由李煜堂和李敏周创办，取"日新又新"之意而命名。先施公司、永安公司、新新公司和大新公司在当时被称为上海南京路四大华资百货公司。大楼共7层，折中主义建筑风格。现为上海市第一食品股份有限公司所用。

华商纱布交易所大楼旧址

位于黄浦区延安东路 260 号，建于 1923 年，英资通和洋行设计，英国新古典主义建筑风格，为钢筋混凝土结构。1958 年上海自然博物馆迁入该楼。

百老汇大厦旧址

位于黄浦区北苏州路20号，因傍百老汇路（今大名路）顶端而得名。建于1930年，投资者是英资业广地产公司。钢框架结构，地上21层，高77米，是上海外滩建筑群中三座早期高层建筑之一。现更名为上海大厦。

上海大世界

位于黄浦区西藏南路1号，1917年由黄楚九创办经营，1930年转由黄金荣经营，以上演全国各地戏曲为主，为当时远东地区最大的游乐场，人称"不到大世界，枉来大上海"。2016年整修后重新对外开放。

安利洋行大楼旧址

　　位于黄浦区四川中路 320 号，于 1907 年兴建，原为英资安利洋行。1933 年被犹太商人沙逊的财团收购。现由上海船舶设计院等使用。

迦陵大楼旧址

位于黄浦区四川中路 346 号，1937 年竣工，设计者是英资德和洋行与世界实业公司，陶记营造厂承建。所在地原是英资福利公司，1930 年由英国籍犹太商人哈同（Silas Aaron Hardoon）收购并重建，重建的大楼以女主人罗迦陵（Liza）名字命名。现名嘉陵大楼。

永年大楼旧址

位于黄浦区广东路93号,建成于1910年,原由英商永年人寿保险公司所建,故得名永年大楼。英资通和洋行设计,汇广建筑公司承建,是中国第一座全部采用花岗岩砌筑外墙的建筑。现为中国民生银行所用。

礼和洋行大楼旧址

位于黄浦区江西路 255 号，1898 年建造，是当时最大的洋行建筑。礼和洋行是汉堡轮船公司、德国克虏伯炼钢厂、蔡司光学器材厂以及美国古特立汽车轮胎等的代理商，曾是远东著名的德资企业。现为上海礼和酒店管理有限公司所用。

礼和洋行大楼旧址·局部

　　礼和洋行大楼楼高4层,砖木结构,清水红砖外墙面,加以天然的石材雕饰。它的底层有连续半圆拱券,各层有平缓的砖砌拱券。外柱敞廊,有花瓶石栏杆,拱券间有双石壁柱,柱顶有精致的石雕,是英国殖民地建筑的典型样式。

汉弥尔登大楼旧址

位于黄浦区江西路和福州路交叉路口东南转角，福州路北是与之外观几乎一模一样的姊妹楼都城饭店。1931年开工，1933年竣工，新沙逊洋行属下的华懋地产公司投资兴建，英资公和洋行设计，属典型的装饰艺术运动风格。现为福州大楼。

都城饭店旧址

　　位于黄浦区江西路和福州路交叉路口东北转角,福州路以南是与之外观几乎一模一样的姊妹楼汉弥尔登大楼。1934年建成,1935年开业,华懋地产公司投资兴建,英资公和洋行设计。1964年改名为新城饭店。

花旗总会旧址

位于黄浦区福州路209号，1923年—1925年建造，美资克利洋行设计，新仁记营造厂施工，外貌采用美国殖民时期建筑风格。花旗总会是1917年—1949年旅沪美侨的俱乐部。1953年起为市高级法院及中级法院所在地，名高法大楼。

新亚大酒店

位于虹口区天潼路422号,英资五和洋行设计,桂兰记营造厂承建,建于1933年。是当年第一家由中国人开的酒店,1956年以后收归国有,现为独立经营。

礼查饭店旧址

位于虹口区黄浦路15号，1846年英国商人阿斯脱豪夫·礼查（A. Richard）创办了一家以他名字命名的旅馆。1856年迁至现址，图为1910年竣工的豪华6层大楼，新古典主义式样。它是上海最早的一所现代化旅馆，也是当时远东设备最现代化的豪华饭店之一。1959年以后改名为浦江饭店。

中国通商银行大楼旧址

位于黄浦区中山东一路6号,中国通商银行是中国人创办的第一所银行,成立于1897年5月27日,创办人是盛宣怀。1906年翻建,由英资玛礼逊洋行的格兰顿(F.M.Gratton)设计。现为香港侨福国际企业有限公司所用。

汇丰银行大楼旧址

位于黄浦区中山东一路12号，1921年开工，1923年竣工，英资公和洋行设计，曾被认为是中国近代西方古典主义建筑的杰作。它是香港上海汇丰银行于1923年—1955年在上海的分行大楼，现为上海浦东发展银行的总部驻地。

交通银行大楼旧址

位于黄浦区中山东一路 14 号,最初为英资宝顺洋行的产业,1940 年曾重建。大楼强调垂直的线条设计,外立面简洁明朗。现为上海市总工会所用。

华俄道胜银行大楼旧址

位于黄浦区中山东一路 15 号，1899 年华俄道胜银行在上海设立分行，购下此地块并兴建大楼，故又被称作道胜大楼或华胜大楼，1902 年竣工。德国建筑师海因里希·贝克（Heinrich Becker）设计，项茂记营造厂施工，是外滩建筑群中一座较早建成的楼房。现为上海黄金交易所和中国外汇交易中心所用。

台湾银行大楼旧址

位于黄浦区中山东一路16号,于1924年建造,是台湾银行在上海建造的办公大楼,楼高四层,钢筋混凝土结构,欧洲古典建筑风格。现由招商银行上海分行所用。

麦加利银行大楼旧址

位于黄浦区中山东一路18号，1922年英资麦加利银行建造，英资公和洋行设计，3层砖木结构英国风格建筑。1949年以后，房管局接管这座大楼，改名为春江大楼。

中国银行大楼

　　位于黄浦区中山东一路 23 号，建于 1936 年，由时为中国银行建筑课课长陆谦受与英资公和洋行共同设计，华商陶馥记营造厂建造。整个建筑融合了中国传统的建筑元素，外墙一律镶以平整的金山石，楼顶采用平缓的四角攒尖式屋顶，建筑的两侧每层都有镂空的"寿"字图案，栏杆的花纹和窗格也采用了传统的装饰纹样。

横滨正金银行大楼旧址

位于黄浦区中山东一路24号。横滨正金银行是日本早期的外汇专业银行，1893年在上海设立分行。该楼建于1923—1924年，英资公和洋行设计，新古典主义风格建筑。1945年后，该楼改为中央银行使用，更名为中央大楼，1949年后成为中国人民银行华东区行办公楼。现为中国工商银行上海市分行使用。

东方汇理银行大楼旧址

位于黄浦区中山东一路29号，建于1911年，是法资东方汇理银行建造的分行大楼，也是外滩万国建筑群中唯一一幢由法国人出资建造的大楼。大楼共3层，高21.6米。1956年改名东方大楼，现为光大银行上海分行使用。

建设大楼旧址

位于黄浦区江西中路181号，1933年由宋子文的"中国建设银公司"营建，1934年建成。建设大楼分东西二楼，西楼曾为上海市警察局所用，今为上海市公安局；东楼的部分楼面在1945年后出租给美国总领事馆，1949年后曾由上海市冶金局入驻。

金城银行大楼旧址

位于黄浦区江西中路 200 号，1924 年金城银行投资兴建，由中国早期著名建筑师庄俊与赟丰洋行联合设计，采用庄重对称的新古典主义风格。建筑为 4 层钢筋混凝土框架结构，是当时上海华商银行中最为华贵的一座。现为交通银行上海分行使用。

浙江第一商业银行大楼旧址

   位于黄浦区江西中路 222 号,建于 1948 年。由华商华盖建筑事务所的陈植设计,钢筋混凝土结构,现代派风格。现为华东建筑设计研究院使用。

德华银行大楼旧址

位于黄浦区九江路89号,1916年竣工,钢筋混凝土结构,新古典主义风格。德华银行是日德意志银行牵头、由德商在华开办的银行,服务于德国与亚洲地区的贸易。现为上海医药工业有限公司所用。

大陆银行大楼旧址

　　位于黄浦区九江路111号，大陆银行1919年于中国天津成立，1921年设立上海分行。该楼建于1932年，基泰工程司设计，钢筋混凝土结构，装饰艺术派建筑风格。现在由上海信托投资公司使用。

中汇大楼旧址

位于黄浦区延安东路143号，建于1934年，是由杜月笙开办的中汇银行所在地。由中国建筑师黄日鲲及法国建筑师赖安吉爱（A. Leonard）共同设计，久记营造厂承建。楼高15层，式样采取法国立体式，正面高塔直耸云霄。1959年—1993年间，为上海博物馆大楼，现底层由北京银行上海分行使用。

四行仓库旧址

　　位于静安区光复路1号，建于1931年，原为大陆银行和北四行（金城银行、中南银行、大陆银行及盐业银行）联合仓库，因四行仓库保卫战而闻名。6层钢筋混凝土结构大楼，是当时闸北一带最高大的建筑，也是中国早期现代式工业建筑的代表。现为创意产业集聚区。

中国银行虹口大楼旧址

位于虹口区四川北路912号—922号,建于1929年,1932年竣工,由中国银行上海分行兴建,陆谦受、吴景奇设计,泰康行营造厂承建,装饰艺术派风格。原作为职工宿舍,现底层为中国工商银行、各类商铺使用,其余楼层为民居。

教育建筑

法文书馆旧址

　　位于黄浦区西藏南路 181 号，建于 1886 年，最初是由法国人创办的法文书馆。1911 年改名为中法学堂，实行法国学制。1946 年更名为中法中学，1951 年改为光明中学。

法国学堂旧址

　　位于黄浦区南昌路47号，最初为上海法国总会会址，后改建成法国学堂。建筑建于1917年，由法租界公董局设计，姚新记营造厂承建。建筑具有浓郁的法国风格，为法国文艺复兴特征并结合新艺术运动的装饰风格，现为上海科学会堂一号楼。

徐汇中学·崇思楼

位于徐汇区虹桥路68号,徐汇中学由天主教耶稣会建于1850年。崇思楼是1915年始酝酿建设的校舍,由葡萄牙籍神父、建筑师叶肇昌(Francesco Xavier Diniz)设计草图并任督工,1918年落成。2009年进行大修复原,一楼为小礼堂,二楼为图书馆,三楼为校史陈列室、徐汇画苑,四楼为音乐、舞蹈教室。

南洋公学旧址

位于徐汇区华山路 1954 号。清光绪二十二年（1896 年）盛宣怀创建的南洋公学，为中国近代历史上最著名的大学之一，是上海交通大学的前身。图为公学图书馆，由 1916 届毕业班同学发动各界人士和师生捐款建造，1919 年 10 月 10 日竣工。

上海交通大学·中院

　　位于徐汇区华山路1954号,建于1899年,是上海交通大学最早的教学楼,也是中国人创办的近代高校中仍在使用的最古老的建筑之一。中院为一幢三层长方形建筑,外为砖墙,采用西方复古主义风格,占地面积为2313平方米。

上海交通大学·工程馆

建于 1932 年,由张元济、王清穆、唐文治、蔡元培、陆梦熊等人募资兴建,设计者为匈牙利建筑师拉斯洛·邬达克(Laszlo Hudec)。工程馆是一座现代装饰艺术风格的建筑,外立面为深褐色,突显了白色壁柱的竖线条。

上海交通大学·总办公厅

　　又称容闳堂,建于1933年。三层钢筋混凝土建筑,现为上海交通大学的行政中心。采用西方仿古典主义式样,以赭红色为主色调。该建筑的设计师为庄俊,门额上的"总办公厅"四字为胡汉民所题。

国立音乐专科学校旧址

位于徐汇区汾阳路 20 号,国立音乐学院 1927 年 11 月 27 日成立,是上海音乐学院的前身。学校创办人蔡元培出任院长。1929 年改名为国立音乐专科学校。教学制度曾以欧洲音乐学院规格做参照,采用学分制。现为上海音乐学院。

中西女塾旧址

位于长宁区江苏路 155 号,其前身是中西女塾,由美国基督教监理会创办于 1892 年,是近代上海最著名的女子学校之一。学制 10 年,为当时的贵族学校。宋蔼龄、宋庆龄、宋美龄三姐妹均就读于此校。现为上海市第三女子中学。

圣玛利亚女中旧址

位于长宁区长宁路1187号，圣玛利亚女中是美国圣公会在上海创办的教会女子中学。1881年成立，与中西女中齐名。1952年和中西女中合并成为上海市第三女子中学。在原圣玛利亚女中的校址兴办上海纺织专科学校，1999年并入东华大学。

圣约翰大学旧址·怀施堂（一）

位于普陀区万航渡路 1575 号，大学创建于 1879 年，原名圣约翰书院，由美国圣公会上海主教施约瑟（S. J. Sekoresehewsky）将原来的两所圣公会学校培雅书院和度恩书院合并而成。1881 年学校开始完全用英语授课，为中国首座全英语授课的学校。1954 年前曾是华东师范大学分部，现为华东政法大学所用。

圣约翰大学旧址·怀施堂（二）

　　1894年1月26日举行该建筑的奠基典礼，用1879年建筑的四合院的原隅石奠基，以示新旧继续不绝之意。1895年2月19日举行落成典礼。基地面积3242平方米，建筑面积5061平方米，砖木结构，计87个房间。该楼落成初期，楼下设课堂、膳堂和图书馆，楼上则为学生宿舍。

圣约翰大学旧址·体育室

位于怀施堂以北，建成于1919年，折中主义建筑风格。此体育室及游泳池由本校教员、校友等为纪念已故理科教授顾斐德（F. Ciemenl Cooper）筹款而建。

大夏大学旧址·群贤堂

位于普陀区中山北路3663号,大夏大学是1924年7月从厦门大学脱离出来的部分教师和学生在上海发起建立的一所私立大学。抗战时期,与复旦大学组成的"联合大学",为全国第一所联合大学。1951年并入华东师范大学。今为华东师范大学中山北路校区。图为教学大楼"群贤堂"。

震旦大学旧址·大门

神父马相伯于 1903 年 2 月 27 日在徐家汇天文台旧址创办震旦大学,是中国近代第一所私立大学。"震旦"一词出自梵文,意即中国,在英语中亦有黎明、曙光的含义。1952 年秋震旦大学被撤销,其医学院和圣约翰大学医学院、同德医学院在震旦大学原址合并成立上海第二医学院。

复旦大学·相辉堂

位于虹口区邯郸路 220 号，1905 年马相伯等人脱离震旦学院建办复旦大学，1917 年改名为私立复旦大学。相辉楼原名为登辉楼，1947 年由复旦大学校友募捐兴建，由吴稚晖题额。初为第一学生宿舍，现为大礼堂。

复旦大学·奕柱堂

建于1921年,由中南银行总经理黄奕柱捐赠兴建,故名奕柱堂,当时为校办公楼兼图书室。1929年添建两翼,为纪念复旦大学前教务长、经济学家薛仙舟而改名仙舟图书馆。

复旦大学·子彬院

建于 1925 年,由潮州巨商郭子彬捐资兴建,1926 年落成,名子彬院。房屋主体结构为 2 层砖混结构,当时的建筑规模曾位于世界第三位。

雷氏德工学院旧址

　　位于虹口区东长治路505号,是20世纪三四十年代位于上海的一所土木工程类私立大学,以英国旅沪建筑师、地产商、慈善家亨利·雷氏德(Henry Lester)的名字命名。整体建筑由英资德和洋行负责设计。主体建筑占地1万余平方米,建筑面积1.99万平方米,为钢筋混凝土结构。现为上海海员医院甲状腺诊疗中心。

英华书馆旧址

　　位于虹口区武进路 400—412 号,又名中西书院,是由英国寓沪人士和上海士绅发起,于 1850 年创办的教会学校,1892 年迁至现址。该校建筑是目前虹口区内最早的西式建筑之一。建筑采用青砖砌筑,屋顶为四面坡型,屋瓦分青瓦和红瓦。主入口的立柱采用爱奥尼柱式风格,窗户间又使用雕花古典柱。

沪江大学旧址·大门

　　位于杨浦区军工路516号。沪江大学创办于1906年,初名浸会神学院,1909年开设浸会大学堂,1911年为上海浸会大学,1914年定校名为沪江大学。1960年沪江大学的旧址上建立了上海机械学院。1994年改名为华东工业大学,1996年改为上海理工大学。

沪江大学旧址·思晏堂

建于1908年，1909年落成，耗资2.13万美元。原楼高3层，除图书馆、邮务处、庶务处、教务处、正副校长室及大礼堂外，悉为教室。1956年9月24日损毁于龙卷风，1957年5月15日重建完成，建筑上部已非原貌。现为上海理工大学校长办公室。

沪江大学旧址·体育馆

建于1917年，由美国波士顿城赫司开大佐（Coloned E. H. Haskell）独立捐造，耗资1.81万美元。楼高2层，内设有膳厅、音乐室。现为上海理工大学学生活动中心。

沪江大学旧址·麦氏医院

建成于1917年，因美国麦克来氏（Alexander Mcleish）捐助而得名。位于校门左侧，内设有疗养室、诊察室、药室及校医办公室，后作为上海理工大学家属楼使用，现为沪江美术馆。

沪江大学旧址·思孟堂

建成于 1920 年，由美国人捐资建造，耗资 4.91 万美元，晚期哥特式建筑风格明显。楼高 4 层，砖混结构。建筑入口设在中部，入口上方为凸窗，楼内走道有尖券拱。现为上海理工大学第二办公楼。

沪江大学旧址·科学馆（格致堂）

建于1918年，由美国加利福尼亚州厥特夫人（Ms. M. C. Treat）捐款建造，耗资14.3万美元，于1921年建成，哥特式建筑风格。钢筋混凝土结构，楼房4层并建有地下室，清水红砖墙面。现为上海理工大学理学院。

沪江大学旧址·水塔

建于 1930 年。水塔上部的弹孔，为日军 1937 年 8 月 13 日侵沪时炮击所致。

沪江大学旧址·图书馆

建成于1928年9月。1948年向东扩建，为纪念刘湛恩校长，曾命名为"湛恩纪念图书馆"。现为上海理工大学仪表一馆。

沪江大学旧址·音乐堂

建成于1935年，楼高2层，砖混结构，屋顶陡峭，门窗细部哥特风格明显。原为中学礼堂，上层是礼堂，下层是办公室及理科实验室，后改作沪江大学音乐堂。现为上海理工大学办公楼。

沪江大学旧址·思魏堂

1936年为纪念沪江大学第二任校长魏馥兰博士募建，上层为礼拜堂，下层为办公室、休息室。大礼堂与思魏堂为联体建筑，呈L形，大礼堂东西向，思魏堂位于大礼堂东北侧。整座建筑于1937年5月全部竣工，是沪江大学标志性建筑之一。

同济大学·测量学院

位于杨浦区四平路1239号,建于1940年,原为日本人建的某中学教学楼,为2—3层的砖混结构房屋,采用人字形坡屋面,外墙为白色涂料粉刷,外窗强调一种竖向的构图。建筑洗练简洁,具有明显的日本和式风格。

同济大学·羽毛球馆

建于 1940 年，由日本人前川国男设计，原为一所中学礼堂。该建筑为平层砖混结构，外观立面简洁。房屋采用木制的门式桁架结构体系，支撑在混凝土墙礅上，上为歇坡屋顶，在承重结构间开高窗，入口立面有三开间的框架结构。

居住建筑

孙中山旧居

位于黄浦区香山路7号,是一幢欧洲乡村式小洋房,由当时旅居加拿大的华侨集资买下赠送给孙中山。孙中山和夫人宋庆龄于1918年入住于此,1925年3月孙中山逝世后,宋庆龄继续在此居住至1937年。

李公馆旧址

　　位于黄浦区兴业路 76 号，为两层的石库门里弄房屋。中国共产党创始人之一李汉俊的家宅，中国共产党第一次全国代表大会于 1921 年 7 月 23 日至 7 月 30 日在其楼下客堂间举行。现已辟为中国共产党第一次全国代表大会会址纪念馆。

丰子恺旧居（一）

　　位于黄浦区陕西南路 39 弄 93 号，是一座带有西班牙式建筑风格的三层小楼。丰子恺先生从 1954 年以来一直在此居住，直到 1975 年去世。因二楼阳台有东南、西南两天窗，老先生为之取名为"日月楼"。

丰子恺旧居（二）

　　位于陕西南路、长乐路口的"长乐邨"是上海较有名气的西式洋房小区，门口的"长乐邨"三个字为丰子恺先生所题。图为陕西南路39弄93号丰子恺旧居的侧面图。

峻岭公寓旧址

　　位于黄浦区茂名南路的路口东侧，1935 年由华懋地产公司投资建成，是一栋仿美国近代高层大楼式样的建筑。主楼地上 18 层、地下 3 层，高 78 米，呈五折环形。现为锦江饭店中楼。

培恩公寓旧址

位于黄浦区淮海中路449—479号，建于1930年，是法商万国储蓄会在霞飞路中段建造的公寓大楼。现为上海市妇女用品商店。

华懋公寓旧址

位于黄浦区长乐路与茂名南路的路口东南角，建于 1925 年，是英籍犹太人沙逊（Sassoon）在上海法租界中心区所建的高级公寓，也是上海第一幢超过 10 层的高层公寓。1951 年以后成为锦江饭店的锦北楼。

诺曼底公寓旧址

位于徐汇区淮海中路1842—1858号,建于1924年,又称东美特公寓,由著名建筑师拉斯洛·邬达克(Laszlo Hudec)设计。大楼总体为钢筋混凝土结构,楼高8层,总高30余米,外观为法国文艺复兴式风格,是上海第一座外廊式公寓大楼。1953年更名为武康大楼。

凯文公寓旧址

位于徐汇区衡山路525号，建于1933年，又名衡阳公寓，由英资公和洋行设计。外观设计简洁，建筑外观采用中间隆起、两侧阶梯式向下的设计手法，层间使用暗红色的墙面砖作为装饰，具有显著的现代风格特色。现为精品酒店与民宅。

建业里

位于徐汇区建国西路北侧、岳阳路西侧,由中国建业地产公司建于1930年,分为东弄、中弄和西弄3部分,包括260幢石库门里弄房子。房子均为2层清水红砖建筑,拥有别致的马头风火墙和拱形券门,是目前上海最大的一片石库门建筑。

丁香花园别墅旧址

　　位于徐汇区华山路 849 号,原为李鸿章之子李经迈的私邸。建筑主要体现英国乡村建筑风格,同时还包含中国传统南方园林的建筑风格,是上海最负盛名的花园洋房之一,也是是上海最早的中西合璧的花园别墅。

孔祥熙旧居

　　位于徐汇区东平路7号，建于1935年，西欧式建筑风格。三层砖木结构，平面略呈方形，入口处有敞开式的连续券门廊，正立面为三座大拱券构成的柱廊，中间拱券为入口，有附墙阶梯从两侧进入门厅。

沙逊别墅旧址

位于长宁区虹桥路 2409 号,又名罗别根花园或罗白康花园,是英籍犹太人沙逊(Sassoon)的私人住宅。1932 年建造,由英资公和洋行设计。1949 年后归寅丰毛纺厂所有,曾作为上海纺织局工人疗养院。现在是龙柏饭店一号楼。

王伯群旧居

位于长宁区愚园路 1136 弄 31 号，建于 1930 年，由协隆洋行柳士英设计，辛丰记营造厂承建，为原国民政府交通部部长、上海大夏大学董事长王伯群的住宅。1940 年成为汪精卫在上海的别墅，时称汪公馆。1960 年成为上海市长宁区少年宫。

马勒别墅旧址

位于静安区陕西南路 30 号,别墅从 1926 年开始设计,于 1929 年建造,耗时 10 年建成。是一所具有浓郁的北欧风情的花园别墅。现为衡山马勒别墅饭店。

荣敬宗旧居

位于静安区陕西北路186号，建于1918年，原为荣氏老宅。由陈椿江设计，属折中主义风格建筑。钢筋混凝土结构，主立面设2层列柱敞廊，内部地面、木作和彩色玻璃等处装饰精美。

嘉道理爵士公馆旧址

位于静安区延安西路64号,建于1924年,曾是英籍犹太富商埃利·嘉道理爵士(Elly Kadoorie)的私人住宅。因整幢房屋通体使用大理石作为建材,又被称为"大理石宫"。现为中国福利会少年宫所在地。

徐志摩旧居

　　位于静安区延安中路913弄，原建筑3幢，砖木结构，部分砖混结构，由黄元吉设计。原建筑已拆迁，目前在弄堂口有说明性挂牌。

枕流公寓

位于静安区华山路691—731号,建于1930年,公寓原为李鸿章家族产业,租住者多为外侨,1949年以后则多为文化界名流居住。建筑立面采用折中主义建筑风格,为钢筋混凝土结构,地上7层,地下1层,平面呈曲尺形。

张爱玲旧居

位于普陀区常德路 195 号,原名爱丁顿公寓,始建于 1933 年,建成于 1936 年,由法国建筑师赖安吉爱(A. Leonard)设计建造,是当时上海为数不多的装有电梯的"高层"民宅。张爱玲曾在这里生活过六年多的时间。

汤恩伯旧居

位于虹口区四川北路 2023 弄 35 号，整幢建筑是法国新古典主义式建筑风格。建筑平面呈凸字形，红墙配上白色的檐部、窗套以及有二层楼高的科林斯巨柱，十分壮观华丽。现为上海金泉钱币博物馆。

河滨大楼旧址

　　位于虹口区北苏州路 400 号，1931 年开工建设，1935 年落成，新沙逊洋行投资，英资公和洋行设计，新申营造厂建造。该建筑曾是上海建筑面积最大的一座美国公寓式大楼，为现代实用主义风格。原高 8 层，1978 年后，部分位置增筑至 11 层。现为河滨公寓。

沪江大学教员住宅

位于杨浦区军工路 516 弄 207 号家属楼,建于 1921 年,为原沪江大学教员住宅。

吴昌硕旧居

位于闸北区山西北路457弄12号,晚清民国时期著名国画家、书法家、篆刻家吴昌硕的旧居。建于1913年。二层砖木结构老式石库门建筑,清水灰砖墙,大门和窗户上都用砖拱券。

宗教建筑

洋泾浜圣若瑟堂

位于黄浦区四川南路36号,建于1860年,为1920年以前上海法租界内唯一的天主教堂。建筑最高处是一座哥特式钟楼,钟楼尖顶上装有十字架。

圣三一堂

位于黄浦区九江路219号，建于1869年，教堂为一座红砖砌筑、室内外均为清水红砖墙面的建筑，因此俗称"红礼拜堂"。是上海早期最大最华丽的基督教教堂，也是上海市现存最早的基督教英国圣公会主教座堂。

诸圣堂

位于黄浦区复兴中路 425 号,建于 1925 年,建筑采用圣公会高派教堂样式,三角形屋顶,门柱为混凝土雕刻,门廊上设有圆形玫瑰窗,西北角附方形塔楼。

怀恩堂

位于静安区陕西北路375号,该堂创立于1910年,是上海一所知名的基督教新教教堂。最初位于虹口北四川路,1942年迁今址。

西摩路会堂旧址

位于静安区陕西北路 500 号，始建于 1920 年，亦称拉结会堂，是上海现存的两座犹太会堂之一，也曾是远东地区最大的犹太会堂。新古典主义风格，堂内部空间为穹形拱顶，两侧有 2 层廊柱，堂内有汉白玉祭坛。

新恩堂旧址

　　位于静安区乌鲁木齐北路25号,是一座基督教新教教堂。该堂建于1939年12月,是内地会英国传教士的专用教堂,名称为"上海公共礼拜堂"。1951年内地会撤出传教士后,改为乌鲁木齐北路聚会所。1958年实行联合礼拜时被保留下来。1962年命名为新恩堂。

圣心堂旧址

位于虹口区南浔路,于1874年11月29日投入使用,是上海公共租界中第一座天主教堂。1882年圣芳济学校(今北虹中学)迁到教堂对面,教堂后来被浦光电表厂占用,并拆除改建为厂房。

鸿德堂旧址

　　位于虹口区多伦路 59 号，始建于 1925 年，1928 年 10 月落成，是长老会沪北堂的新堂，为纪念美华书馆负责人费启鸿，取名"鸿德堂"。该堂是极少数采用中国古典式建筑样式的教堂。1992 年该堂恢复开放，现为景灵堂分堂。

摩西会堂旧址

位于虹口区长阳路62号,始建于1907年,是上海有关犹太难民聚居区的文字和实物资料最多也最为完整的地方,成为许多犹太人士来上海的必到之处。现为上海犹太难民纪念馆。

景林堂旧址

　　位于虹口区南部的昆山路135号,该堂是美南监理会在上海创建的第二座教堂,起初为中西书院的内部教堂。该堂坐南朝北,原有房屋面积720平方米,1983年扩建为811平方米。1981年更名为景灵堂。

西本愿寺旧址

位于虹口区乍浦路 455 号,原为日本佛教庙宇西本愿寺上海别院。1931 年建造,日籍建筑师冈野重久设计,岛津工作室承建,仿日本西本愿寺式样,呈印度佛教建筑特征。

西本愿寺旧址·石券门

　　沿街东山墙的巨大拱形石券门，莲瓣券面，巨大的浮雕莲瓣由外向内侧排成扇形，围绕着中央的窗户。莲瓣的外缘为半圈草纹浮雕，顶端隆起，高踞其巅的狮子雕像已毁。

佘山天主教堂

  位于松江区外青松公路 9142 号佘山顶上,又名佘山圣母大教堂,钟楼高 38 米,堂的屋脊高 17 米,东西长 56 米,可容纳 3000 余人。顶部圆穹上竖一铜铸圣母托耶稣像。20 世纪 40 年代起,教堂即为世界闻名的天主教圣地,也是国内天主教最主要的朝圣地。

佘山天主教堂·入口

　　佘山天主教堂建于佘山山顶,系法国传教士所建。教堂融希腊、罗马、哥特式建筑艺术于一炉,部分采用中国传统样式,具有中西合璧的建筑特色。

公共建筑

大北电报公司大楼旧址

位于黄浦区中山东一路 7 号，于 1906 年动工兴建，1907 年竣工并交付使用，英资通和洋行设计。该地块原为美商旗昌洋行所有，大北电报远东公司租借土地的使用权兴建此楼。现为上海电信博物馆。

大光明电影院

位于黄浦区南京西路 216 号，建于 1928 年，是中国现存的最古老的影院之一。1933 年由建筑师拉斯洛·邬达克（Laszlo Hudec）设计重建，重建后凭借着豪华的设施成为"远东第一影院"。现为大光明电影院。

跑马总会旧址

俗称跑马厅，位于黄浦区南京西路325号。1932年拆除了旧屋，由英资马海洋行设计，重建成一座钢筋混凝土结构的建筑。建筑西北转角处有一座8层高的钟楼，高达53米。现为上海历史博物馆。

光陆大楼旧址

位于黄浦区虎丘路146号,于1928年落成,由匈牙利籍建筑师鸿达(C. H. Gonda)设计。平面呈扇形,立面为直线条,装饰派艺术风格。大楼底部曾为光陆大戏院,上层为办公用房和公寓。

南京大戏院旧址

位于黄浦区延安东路523号,建于1930年,由联怡公司创办,华人建筑师范文照设计。1950年更名为北京电影院,1959年再更名为上海音乐厅至今。

仁济医院旧址

位于黄浦区山东中路145号，仁济医院成立于1844年，是上海开埠后建立的第一家西医医院。1927年医院扩建，1932年建造6层现代化楼房，改名为仁济医院。目前为上海交通大学医学院的教学医院。

兰心大戏院

　　位于黄浦区茂名南路57号，建成于1930年，美商哈沙德洋行设计。文艺复兴时期府邸式建筑风貌，3层钢筋水泥结构建筑。当时作为各国驻沪领事、各界名流的聚会场所在上海滩独领风骚，是上海开埠至今历史最久的剧场之一。1949年后改名上海艺术剧场，今已恢复原名。

广慈医院旧址

位于黄浦区瑞金二路197号,始建于1907年,法文名称为"圣玛利亚医院",是一所由法国天主教会创办的医院。现为上海交通大学医学院附属瑞金医院。

亚洲文会大楼旧址

位于黄浦区虎丘路20号,始建于1871年,是亚洲文会北中国支会的会所,现在的建筑是1931年由亚洲文会在原地重建的。1952年起作为上海图书馆书库,2010年重新装修恢复原貌后,改为上海外滩美术馆。

国立上海医学院旧址

位于徐汇区东安路 130 号，1927 年由国立中央大学创办，是中国历史上第一所国立医学院。初名国立第四中山大学医学院，后改为国立江苏大学医学院、国立中央大学医学院、国立上海医学院，1952 年改为上海第一医学院。1985 年改名上海医科大学，2000 年并入复旦大学。

宏恩医院旧址

　　位于静安区延安西路 221 号，建于 1926 年，由建筑师拉斯洛·邬达克（Laszlo Hudec）设计，潘荣记营造厂承建。主体建筑分南楼、北楼和门诊部 3 个部分，呈"工"字形布局。现为复旦大学附属华东医院。

宏恩医院旧址·细部装饰

　　宏恩医院虽然已有近百年的历史了，但仍保存得很完整。其建筑风格为文艺复兴样式，南立面东西两翼对称，底层东西及中部均排列券门，门旁有双柱，门内有廊。

上海邮政总局

位于虹口区北苏州路276号,始建于1924年,英资思九生洋行设计,余洪记营造厂营建。整体风格为折中主义建筑风格,主体参照英国古典建筑风格,融合了罗马式的大型科林斯立柱和巴洛克式钟楼。现为上海市邮政局和四川路桥邮政支局所在地。

江湾体育场

　　位于杨浦区淞沪路 245 号,始建于 1933 年。建筑组群庄严宏伟,主要墙体采用红砖砌筑,只在入口部分加以装饰,建筑各部分比例恰当。原名上海市体育场。2016 年作为足球场正式对外开放。

江湾体育场·大门

　　1934 年 8 月开工，1935 年 8 月底竣工，体育场东西两侧设有司令台，由人造白玉筑成，高 20 米，其左右顶巅置古铜色大鼎各一尊，十分壮观。

上海市立图书馆旧址

位于杨浦区黑山路181号,由建筑师董大酉设计,张裕泰和记营造厂负责施工,占地1620平方米,平面呈"工"字形,坐西朝东。为上海首个公立图书馆,1949年以后改建为上海市人民图书馆。目前为上海市同济中学使用。

上海市立博物馆旧址

位于杨浦区长海路 174 号,建于 1933 年,1937 年 1 月正式开馆。由建筑师董大酉、王华彬设计。平面呈"工"字形,主体布局和外观样式与上海市立图书馆相同,唯中央门楼和部分细节与图书馆不同,中央门楼为仿北京鼓楼样式。该楼现为第二军医大学附属长海医院的影像楼。

国泰大戏院旧址

位于卢湾区淮海中路870号，建于1930年，由英籍华人卢根与美国国际抵押银公司合资组建的国光联合电影公司出资建造，鸿达洋行设计。现为国泰电影院。

交通建筑

外滩信号台

位于黄浦区中山东二路1号，始建于1907年，俗称外滩天文台、外滩灯塔，由西班牙建筑师阿托奴博（Atonobo）设计。1993年10月在外滩综合改造工程中被整体向江边移动了22.4米，立于现址。该式样灯塔目前存世仅两座，另一座在挪威。

外摆渡桥

位于黄浦区苏北路,于 1908 年 1 月 20 日落成通车,是中国的第一座全钢结构铆接桥梁和仅存的不等高桁架结构桥,也曾是上海现代化和工业化的象征。

乍浦路桥

位于乍浦路和虎丘路之间,外摆渡桥西侧,原为上海公共租界工部局于 1873 年所建的二摆渡桥,原结构为木桥。后工部局重新设计并使用钢筋混凝土结构建造,于 1927 年竣工。

四川路桥

位于黄埔区苏州河上,又名里摆渡桥,工部局设计。桥址处原为二坝郎渡口,1860 年建浮桥,1878 年建木桥,1922 年竣工,钢筋混凝土结构。

其他建筑

江海关大楼旧址

位于黄浦区中山东一路 13 号，于 1927 年竣工，英资公和洋行建筑师乔治·威尔逊（G. L. Wilson）设计，英国新金记祥号建筑公司承建，折中主义建筑风格。现为上海海关大楼。

字林大楼旧址

位于黄浦区中山东一路17号，由英文报纸《字林西报》（*North China Daily News*）报社于1921年投资，英资德和洋行设计，1924年竣工，是当时上海最高的建筑。1996年友邦人寿保险公司使用该楼，改名为友邦大厦。

英国驻上海总领事馆旧址

位于黄浦区中山东一路33号，1873年竣工，由英国人格罗斯曼与鲍伊斯（Grossman & Boyce）设计，余洪记营造厂负责建造。该建筑包括总领事馆和领事官邸两栋房子，是外滩地区唯一拥有较大规模花园绿地的建筑。现为酒店。

法租界公董局总董府邸旧址

位于黄浦区汾阳路 79 号，建于 1905 年，是旧上海法租界最高的市政组织和领导机构。由于造型像美国华盛顿总统府白宫，因此人称"小白宫"。现为上海工艺美术博物馆。

公共租界工部局旧址

位于黄浦区汉口路193号,1914年工部局兴建,1922年竣工。1945年—1955年上海市政府占用,现仍为上海市某市级机关使用。

公共租界总巡捕房旧址

　　位于黄浦区福州路185号,又名总巡捕房。1933年中央捕房在上海公共租界工部局对面兴建一座10层大厦,1935年5月落成,钢框架结构,现代派风格。现为上海市公安局驻地之一。

申报馆旧址

位于黄浦区汉口路309号,建成于1918年,是近代中国发行时间最久、影响最大的报纸《申报》的报社大楼。钢筋混凝土结构,建筑面积3680平方米,檐口和二楼阳台的装饰为古典主义风格。现为高级餐厅。

戈登路巡捕房旧址

位于静安区江宁路 511 号，建于 1909 年，是上海公共租界巡捕房下设的 14 个分区捕房之一。三层清水红砖建筑，弧形拱门，折中主义风格建筑。现为办公用房。

俄罗斯帝国领事馆旧址

　　位于虹口区黄浦路20号,建于1914年,1916年竣工,德国建筑师汉斯·埃米尔·里约伯(Hans Emil Lieb)负责总体设计,融合了巴洛克式与德国复兴时期的风格。现为俄罗斯驻上海总领事馆。

公共租界工部局宰牲场旧址

位于虹口区沙泾路 10 号,1933 年竣工,占地面积约 1.5 万平方米,是当时中国最大的宰牛场。建筑共 4 层,墙壁中间采用中空形式,在 20 世纪 30 年代就巧妙利用物理原理实现温度控制,即使在炎热的夏天,室内依然可以保持较低的温度。现为创意产业集聚区。

虹口救火会旧址

位于虹口区吴淞路560号,工部局设计,1917年竣工。砖混结构三层,略呈文艺复兴风格。立面对称,底层及阳台内墙为仿石墙面,其余为清水红砖墙面。屋顶有一方形塔楼,上部为六边形瞭望塔。现为上海市消防总队虹口支队所用。

旧上海特别市政府旧址

  位于杨浦区清源环路650号，1933年10月10日正式落成，作为当时中华民国上海市政府办公大楼使用。该楼共占地8928平方米，高4层，十字形穿堂，有前后东西四门，为中国传统建筑形式。1956年起为上海体育学院所用。

中国航空协会大楼旧址

位于杨浦区长海路 174 号上海长海医院内,建于 1935 年,董大酉设计。楼平面呈"工"字形、形似白色飞机,主体建筑为两层小楼,整体为中西合璧式样。现为中国人民解放军第二军医大学校史陈列馆。